Виктор Савченко

Восстановление изображения искаженного поверхностным волнением

AF141875

Виктор Савченко

Восстановление изображения искаженного поверхностным волнением

физический эксперимент

LAP LAMBERT Academic Publishing

Impressum / **Выходные данные**

Bibliografische Information der Deutschen Nationalbibliothek: Die Deutsche Nationalbibliothek verzeichnet diese Publikation in der Deutschen Nationalbibliografie; detaillierte bibliografische Daten sind im Internet über http://dnb.d-nb.de abrufbar.

Библиографическая информация, изданная Немецкой Национальной Библиотекой. Немецкая Национальная Библиотека включает данную публикацию в Немецкий Книжный Каталог; с подробными библиографическими данными можно ознакомиться в Интернете по адресу http://dnb.d-nb.de.

Coverbild / Изображение на обложке предоставлено: www.ingimage.com

Verlag / Издатель:
LAP LAMBERT Academic Publishing
ist ein Imprint der / является торговой маркой
OmniScriptum GmbH & Co. KG
Heinrich-Böcking-Str. 6-8, 66121 Saarbrücken, Deutschland / Германия
Email / электронная почта: info@lap-publishing.com

Herstellung: siehe letzte Seite /
Напечатано: см. последнюю страницу
ISBN: 978-3-659-57747-5

Оглавление

Введение

Данная работа посвящена описанию результатов экспериментальных исследований по восстановлению изображения, искаженного поверхностным волнением.

Наблюдения объектов, расположенных под водой, всегда будет оставаться важнейшим направлением хозяйственной деятельности человека. Соответственно будут развиваться средства наблюдения таких объектов. Системы наблюдения подводных объектов развиваются за счет технических усовершенствований регистраторов изображения и за счет применения новых методов, позволяющих видеть дальше и с большими подрбностями. Проблемой подводной видимости занимались все корифеи первой половины 20 века: Гершун, Шулейкин, Дантли, Прайзендорфер, Александр Иванов и Ерлов [1- 6]. Подводная видимость представляет собой раздел оптики океана.

Дальность подводного видения систем, работающих в оптическом диапазоне, значительно уступает акустическим средствам. Тем не менее, при наблюдениях с воздуха подводных объектов оптичесие системы оказываются более эфективны.

На регистратор, расположенный над водой, поступает излучение отраженное или излучаемое подводным объектом, а также излучение, исходящее от толщи воды, и, несколько меньше, излучение слоя атмосферы и излучение небосвода, отраженное поверхностью. Основной причиной ограничения дальности видимости подводного объекта является поглощение и рассеяние излучения в воде. При наблюдениях с воздуха дополнительным источником проблем является поверхностное волнение, создающее колебания поступющего сигнала.

Но основная причина ухудшения качества изображения объекта, наблюдаемого через поверхность моря, это искажения изображения, возникающие из-за преломления отраженного от объекта света на границе сред, имеющих различную оптическую плотность. В естественных условиях эта граница редко бывает плоской, в основном она покрыта ветровыми волнами. Врямя изменения уклона поверхности зависит от частоты волн и перекрывает широкий (но не весь) диапазон возможных периодов регистрации. В результате изображение наблюдаемых подводных объектов смазывается либо теряет пространственную структуру. Теория переноса изображения через поверхность сред с различной оптической плотностью не предполагает зависимость от масштаба процесса, поэтому изучение переноса и разработка методов коррекции искажений проводилась в лаборатории в условиях полностью контролируемого эксперимента на лабораторно-модельной установке [7].

В первой главе описывается эксперимент, подтверждающий вид полученной теоретически передаточной функции переноса изображения, накопленного в течение времени, превышающего средний период волнения. Эта функция описывается интегральным уравнением типа свертки [8 - 10], решение которого является неустойчивым. В разделе 1.4 предлагается способ решения уравнений типа свертки с помощью применения регуляризатора Тихонова [11], а так же вид регуляризатора.

Во второй главе предлагаютя и проверяются экспериментально методы улучшения качества изображения, основанные на статистических особенностях функции распределения уклонов. Результаты применения методов оцениваются по изменениям частотно контрастной характеристике восстановленного изображения.

В третьей и четвертой главах предлагается метод коррекции изображения с использованием дополнительного источника, освещающего поверхность и результаты экспериментов восстановления искаженного изображения. Предлагаются алгоритмы расчета и рассматриваются конкретные схемы экспериментов, позволяющие проводить восстановление искаженных изображений. Приводятся методы определения значения вектора уклонов в точке и результаты применения метода.

В приложении 1 описываются результаты экспериментов по оценке вероятностных параметров ветровых волн по данным контактного волнографа и по оценке волновых характеристик оптическими методами.

В приложении 2 описывается численная модель волнового процесса, генерируемого в лабораторном бассейне, которая используется для численной имитации бегущей волны для моделирования методов восстановления изображения. По данным контактных измерений выполнена проверка дисперсионного отношения и оценка влияния эффекта Доплера для коротких ветровых волн, распространяющихся на склонах более длинных.

Глава 1. Перенос изображения через взволнованную водную поверхность

При наблюдении подводного объекта через поверхность моря изображение искажается за счет наличия ветровых волн. В случае, когда экспозиция заметно превышает период волнения, искажение изображения описывается частотно-контрастной характеристикой (ЧКХ) взволнованной водной поверхности, которая представляет собой отношение контрастов изображения и объекта для бесконечно протяженной синусоидальной миры.

Теоретическая оценка ЧКХ (модуля передаточной функции $H(k)$) по изображению, полученному через взволнованную водную поверхность, для которой уклоны распределены по нормальному закону, и накопленному в течение длительного времени, выполнена Мулламаа [12] и приводится ниже.

1.1. Передаточная функция взволнованной поверхности

Известно, что если яркость объекта на входе линейной системы описывается функцией $L(\alpha,\beta)$, усредненной за конечный промежуток времени наблюдения, изображение на выходе описывается функцией $G(x,y)$, выражаемой интегралом свертки:

$$G(x, y) = \iint_\infty L(\alpha, \beta) H(x - \alpha, y - \beta) d\alpha d\beta . \qquad (1.1.1)$$

Здесь $H(\cdot)$ – функция размытия точки или функция рассеяния. Преобразование Фурье обеих частей этого равенства:

$$G(k_x, k_y) = H(k_x, k_y) L(k_x, k_y) , \qquad (1.1.2)$$

где k_x, k_y – пространственные частоты, по которым производится преобразование соответствующих функций. Из уравнения (1.1.2) передаточную функцию $H(k_x, k_y)$ можно определить как отношение пространственного спектра $G(k_x, k_y)$ изображения к пространственному спектру $L(k_x, k_y)$ объекта. Модуль нормированной передаточной функции [12]:

$$\left|H(k)\right| = S_G(k)/S_F(k), \qquad (1.1.3)$$

где $S_F(k)$ и $S_G(k)$ – пространственные спектры объекта и изображения, принято называть частотно-контрастной характеристикой $\left|H(k)\right| = H(k)/H(0)$.

При наблюдении подводного объекта через взволнованную поверхность моря изображение искажается за счет наличия ветровых волн и рассеяния света в воде. В случае, когда экспозиция заметно превышает период волнения, искажение изображения за счет волнения описывается ЧКХ взволнованной водной поверхности, которая представляет собой отношение контрастов изображения и объекта для бесконечно протяженной синусоидальной миры при условии отсутствия рассеяния в воде и искажения изображения самой системой видения. В общем случае ЧКХ системы видения подводных объектов через взволнованную поверхность представляет собой произведение ЧКХ слоя воды на ЧКХ взволнованной поверхности и на ЧКХ самой системы видения. Последняя практически всегда гораздо меньше, чем первые две, поэтому ею можно пренебречь. Теоретическая оценка передаточной функции взволнованной водной поверхности выполнена Муллама́а [12]. Она зависит от пространственной частоты k наблюдаемых деталей, от глубины погружаемого объекта z, от дисперсии уклонов водной поверхности σ^2:

$$\left|H(k;z,\sigma)\right| = \exp[-0.5 k^2 z^2 \sigma^2 (1 - 1/n)^2] \qquad (1.1.4)$$

1.2. Оценка ЧКХ по накопленному изображению точечного источника

Все эксперименты по исследованию свойств процесса переноса изображения через поверхность проводились на лабораторно-модельной установке[7].

Оценки передаточной функции взволнованной поверхности можно получить, используя изображение точечного излучателя, полученное с большой выдержкой (приложение 1, рис. 4а), поскольку распределение

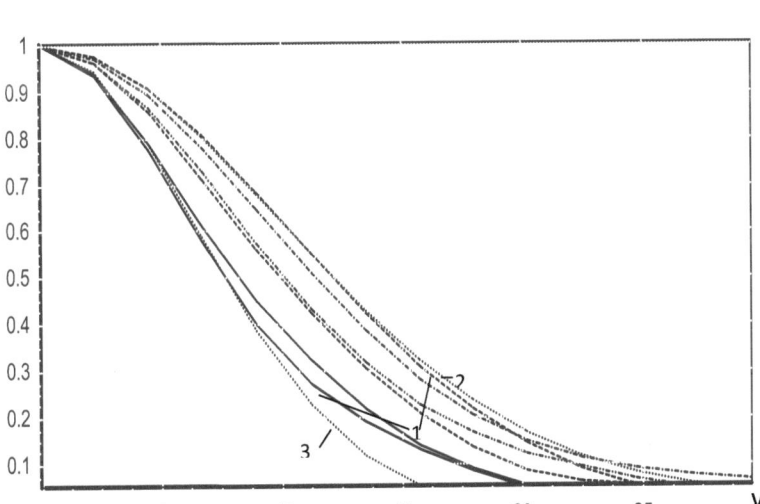

Рис.1. 1 - ЧКХ взволнованной поверхности в бассейне, рассчитанная по изображению точечного источника для направлений от 0 до 150° через 30°, 2 - рассчитанная по формуле (4.1.4) для $\sigma=3.5°$ и 3 - для $\sigma=5.5°$.

облученности в ней представляет собой функцию размытия точки $G(x)$, а ЧКХ - нормированное преобразование Фурье от функции $G(x)$.

В этом эксперименте отсчеты снимаются по сечениям, проходящим через центр изображения [13]. Для сечений, проведенных через 30°, рассчитывался пространственный спектр для нормированных пространственных частот $v = zk$. Глубина погружения объекта $z = 230$ мм, диапазон нормированных частот v от 0 до 30. На рис. 1 верхняя и нижняя пунктирные кривые соответствуют рассчитанным по формуле (1.1.4) для $\sigma=3.5°$ и $\sigma=5.5°$ соответственно. Внутри них находятся кривые оценок ЧКХ для сечений выбранных направлений от 0° до 150°.

Максимальная дисперсия уклонов наблюдается при угле 25° от вертикальной оси съемки, имеет значение среднеквадратического уклона $\sigma_{max}=5.5°$, и соответствует направлению действия ветра (Приложение 1).

1.3. ЧКХ системы вода – поверхность как критерий надежности моделирования

Из теории следует, что ЧКХ системы «мутная среда - взволнованная поверхность - система наблюдения» при большом времени наблюдения может быть представлена в виде произведения частотно-контрастных характеристик составляющих систему элементов[7,14,15]. Поскольку ЧКХ собственно системы наблюдения близка к 1, то должно соблюдаться равенство:

$$\text{ЧКХ}_{сист} = \text{ЧКХ}_c \cdot \text{ЧКХ}_п , \qquad (1.3.1)$$

где $\text{ЧКХ}_{сист,}$ ЧКХ_c ,$\text{ЧКХ}_п$ - ЧКХ системы, мутной среды и взволнованной поверхности соответственно.

Соблюдение соотношения (1.3.1) является одним из критериев качества физического моделирования процесса переноса изображения через взволнованную поверхность. Были получены фотографии изображения синусоидальной миры при наблюдении через четыре варианта искажающей среды: 1 – водопроводная вода без волнения; 2 – водопроводная вода с волнением; 3 – водопроводная вода с добавлением рассеивающей среды (молока) без волнения; 4 – то же с волнением (рис. 2).

ЧКХ линейной системы представляет собой отношение контрастов на выходе и входе системы, выражаемых как $K=(B_1-B_2)/(B_1+B_2)$, где B_1 и B_2 - максимальная и минимальная яркость в изображении. В результате обработки данных получены следующие значения ЧКХ на пространственной частоте 25 $1м^{-1}$ для четырех перечисленных выше сред: $K_1 = 0.704$; $K_2 = 0.161$; $K_3 = 0.556$; $K_4 = 0.125$. Таким образом, для нашего эксперимента ЧКХ волнения $\text{ЧКХ}_п = K_2/ K_1 = 0.229$; ЧКХ мутной среды $\text{ЧКХ}_c = K_3/ K_1 = 0,790$; ЧКХ системы (волнение + мутная среда) $\text{ЧКХ}_{сист} = K_4 /K_1 = 0.178$.

Следовательно $K_п \cdot K_c = 0.229 \cdot 0.790 = 0.181$, т.е. соотношение (1.3.1) выполняется с точностью 2 %, что, конечно, лежит в пределах точности измерений.

По данным эксперимента имеем $K_n = 0.03$ (вдоль направления распространения волн) и $K_n = 0.23$ (перпендикулярное направление) для $\nu = 0.526$ см$^{-1}$ и $z = 25$ см. Для этих данных из формулы (1.1.4) получаем: $\sigma_{min} = 7.2°$ и $\sigma_{min} = 4.6°$, (или: $\sigma_{max} = 7.9°$ и $\sigma_{min} = 4.1°$), что хорошо согласуется с

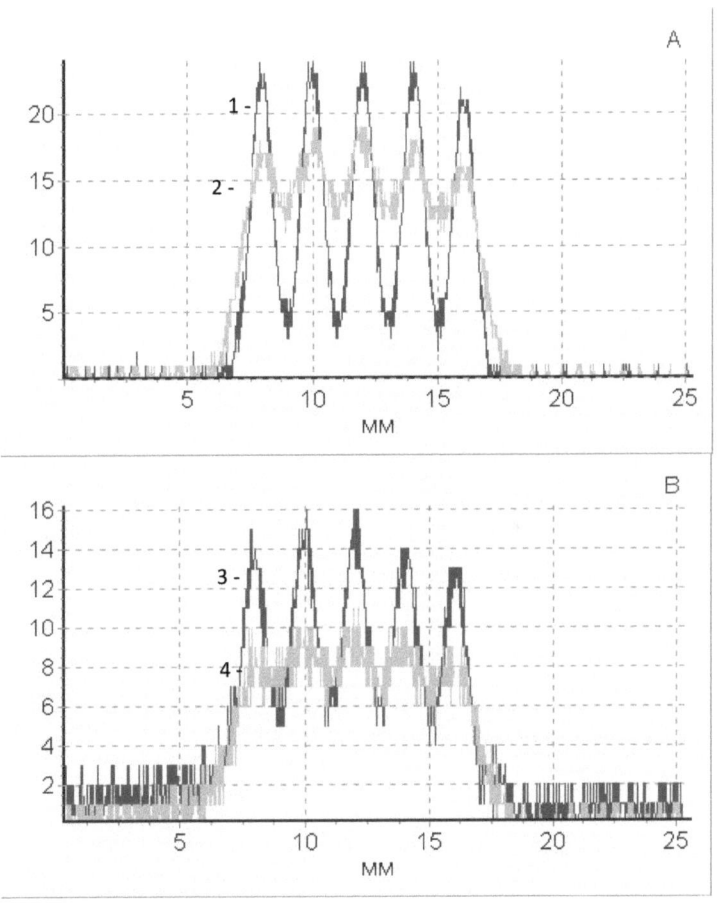

Рис. 2 Осциллограммы изображения синусоидального тест - объекта: 1-чистая вода без волнения, 2 - чистая вода и волны; 3- чистая вода с рассеивающим веществом без волнения, 4 – чистая вода с рассеивающим веществом и волны.

результатами, полученными по данным контактных и видео наблюдений.

Этот результат также свидетельствует о надёжности моделирования и подтверждает достаточную точность формулы (1.1.4) Мулламаа, полученную из теоретических предпосылок на основе распределения Кокса-Манка [16].

1.4. Коррекция изображения смазанного ветровым волнением

Изображение объекта, наблюдаемого через взволнованную поверхность в течение времени превышающего основной период волнения, описывается интегральным уравнением типа свертки. Решение уравнения (1.1.1) является неустойчивым и его можно получить, применяя регуляризатор Тихонова [10] $M(k_x, k_y)$:

$$G(k_x, k_y) = \frac{L(k_x, k_y)}{H(k_x, k_y) + M(k_x, k_y)} \tag{1.4.1}$$

Поскольку уравнение (1.4.1) разделимо по переменным можно использовать передаточную функцию (1.1.4) и получить зависящий только от дисперсии уклонов регуляризатор

$$M(k; \sigma) = 2\pi\sigma k^\sigma, \tag{1.4.2}$$

где σ – среднеквадратичное отклонение уклонов водной поверхности выполняет функцию параметра регуляризации, k – волновое число.

Функция $L(k_x, k_y)$ получена из преобразования Фурье функции, описывающей изображение на рис. 3а, полученном как фотография с большой выдержкой или как среднее большого количества фотографий объекта $L_i(x, y)$, наблюдаемого через взволнованную поверхность

$$\tilde{L}(x, y) = \frac{1}{N} \sum_{i=1}^{N} L_i(x, y) \tag{1.4.3}$$

$$L(k_x, k_y) = F^{-1}|\tilde{L}(x, y)| \tag{1.4.4}$$

где $F^{-1}|\blacksquare|$ - обратное преобразование Фурье.

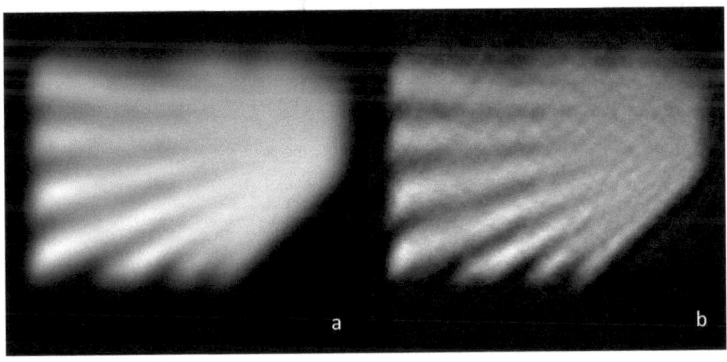

Рис.3. Увеличение контраста изображения, смазанного поверхностным волнением

Для увеличения контраста (рис.3) использовалось СКО уклонов σ_x=7°, σ_y=4°, глубина z=230 мм, коэффициент преломления n=1.33, известные для условий проведения фотосъемки по дополнительным измерениям. Использование формул (1.4.1), представляет собой фильтр [7] с частотными характеристиками, показанными на рис.4.

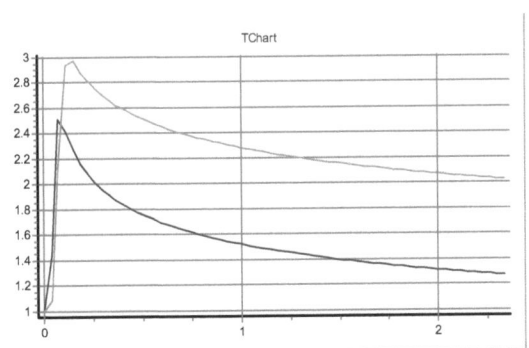

Рис.4. Высокочастотный фильтр с подъемом частотной характеристики

Регуляризатор (1.4.2) и передаточная функция (1.1.4) отличаются от функций используемых в фотографии при удалении смазывания в связи с тем, что смазывание представляется случайным равномерным процессом, тогда как волнение дает смазывание, имеющее нормальное распределение.

Глава 2. Методы улучшения качества изображения подводного объекта, наблюдаемого через взволнованную водную поверхность

Видеосъемка является одним из способов регистрации изображения объекта и позволяет получить доступ к промежуточным характеристикам процесса формирования передаточной функции, описывающей перенос изображения через поверхность. Для обработки поочередно в каждой точке изображения на каждом кадре, можно использовать различные приемы статистических вычислений. Предлагаемые методы основаны на свойствах функции распределения уклонов поверхности в точке за некоторый промежуток времени, значительно превышающий основной период волнения.

2.1. Метод усреднения

Наиболее простым и хорошо известным методом улучшения качества изображения, искаженного волнением, является метод усреднения (накопления) сигнала в изображении в течение времени, значительно превышающего максимальный период волнения [17]. В этих условиях флуктуации в изображении идеально усредняются, и волнение сказывается в том, что каждой точке объекта соответствует в изображении эллипс рассеяния. Это приводит к уменьшению контраста, количественно учитываемому частотно-контрастной характеристикой (1.1.4) взволнованной поверхности.

ЧКХ описывает отношение контраста в изображении к контрасту объекта в зависимости от пространственной частоты деталей объекта. Чтобы получить идеально накопленное изображение объекта, наблюдаемого через взволнованную водную поверхность, следует установить на устройстве регистрации экспозицию, значительно превышающую максимальный период волнения. Можно также просуммировать яркости L_i на i-ом кадре изображения L_i и найти среднее по достаточному количеству N кадров видеоизображения значение яркости $\tilde{L}(x,y)$ для каждого элемента (пикселя) изображения с координатами $x,\ y$:

$$\tilde{L}(x,y) = \frac{1}{N}\sum_{i=1}^{N}L_i(x,y) \qquad (2.1.1)$$

На рис. 5 показаны изображение неискаженного объекта в отсутствие волнения (a), один кадр (длительностью 33 мс) видеофильма объекта, наблюдаемого через взволнованную поверхность (b), и его изображение по сумме N=500 кадров, накопленное за 15 сек (c), яркость которого рассчитана по формуле (2.1.1). Частотно-контрастная характеристика этого изображения, рассчитанная как

$$H(k) = \sqrt{S_{im}(k)\,/\,S_{ob}(k)}, \qquad (2.1.2)$$

где $S_{im}(k)$ и $S_{ob}(k)$ - сечения пространственного спектра изображения и объекта, с большой точностью совпадает с рассчитанной по формуле (1) для дисперсии уклонов σ, измеренной на ЛМУ рис. 5 (кривая 4).

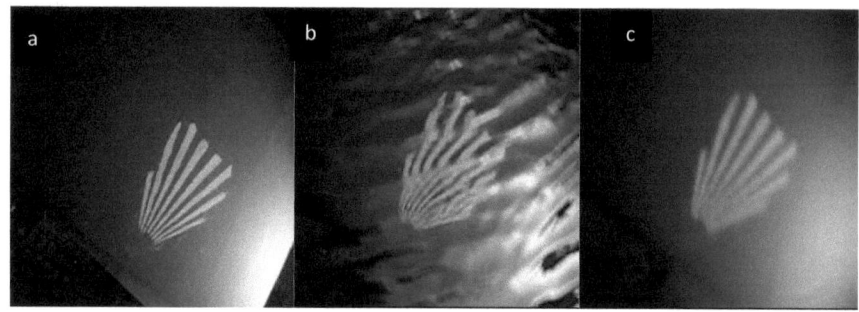

Рис.5. Объект (a), первый кадр видеофильма объекта (b), наблюдаемого через взволнованную поверхность, и его изображение по сумме всех кадров(c)

Из рис. 5 видно, что накопление (рис. 5c) заметно улучшает качество изображения по сравнению с мгновенным изображением (рис. 5b). Однако при увеличении пространственной частоты (уменьшении размера элементов) объекта контраст изображения уменьшается и стремится к нулю (рис.3c и 4).

Одним из способов, в принципе позволяющим улучшить качество изображения при усреднении, является замена вычисления среднего значения яркости (формула (2.1.1)) усреднением некоторой функции яркости $\varphi(L)$ («усреднение Колмогорова» [18])

$$\tilde{L}(x,y) = \varphi^{-1}\{\tfrac{1}{N}\sum_{i=1}^{N}\varphi[L_i(x,y)]\} \qquad (2.1.3)$$

где $\varphi^{-1}(L)$ – функция, обратная $\varphi(L)$. В качестве функции $\varphi(L)$ использовались гиперболический котангенс, обратная зависимость или среднее гармоническое и функция Гаусса. На рис.6 , наряду с обычным усреднением (рис. 6c) показаны изображения, вычисленные по (2.1.3) с использованием функций гиперболического котангенса (рис. 6a) и среднего гармонического (рис. 6b),

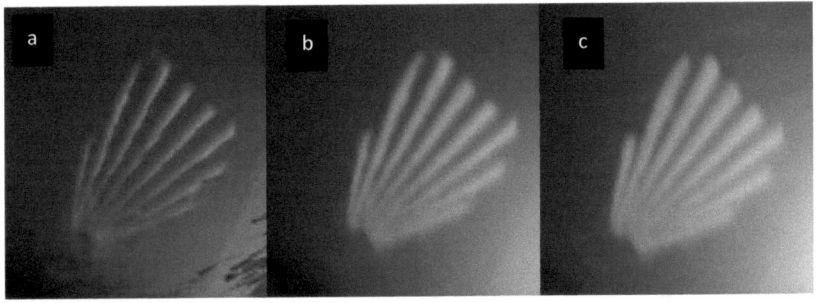

Рис.6. Изображение, рассчитанное по среднему гиперболическому котангенсу (a), среднему гармоническому (b), среднему (c).

а на рис.7 – соответствующие ЧКХ, рассчитанные по (2.1.2) . Из рис. 5, 6 видно, что применение гиперболического котангенса повышает контраст в области средних и высоких пространственных частот и улучшает качество изображения. Для других функций φ ЧКХ и изображения отличаются от вычисленной по (2.1.2) незначительно и не дают улучшения качества изображения.

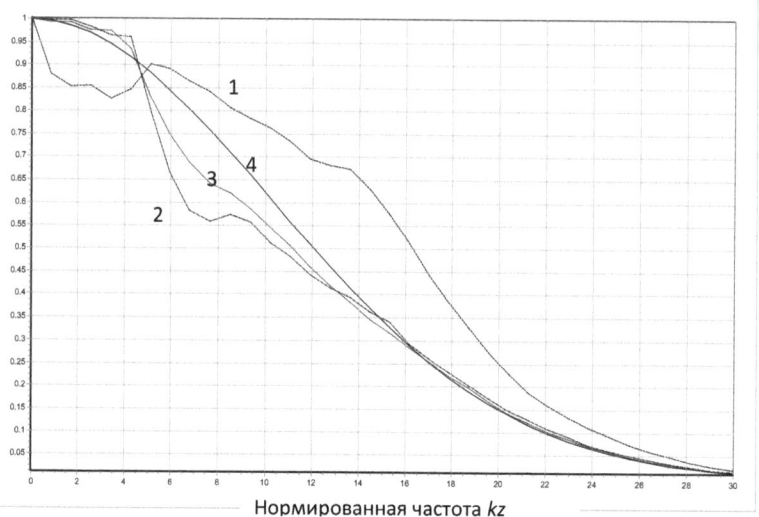

Нормированная частота *kz*

Рис.7. ЧКХ изображений, усредненных по среднему гиперболическому котангенсу (1), по среднему гармоническому (2), по функции Гаусса (3) и по формуле (1) (1.1.4).

2.2. Метод коррекции изображения с помощью моментов функции распределения яркости в элементах изображения

Идея этого метода состоит в том, что поскольку максимум распределения уклонов приходится на нулевые уклоны (плоские участки поверхности), для улучшения качества изображения яркость более светлых элементов объекта следует увеличить, а более темных – уменьшить, т.е. увеличить контраст изображения. Гистограмма регистрируемой яркости, построенная для одного и того же элемента на каждом кадре, имеет асимметрию. Направление асимметрии зависит от исходного изображения объекта и может быть как положительным, так и отрицательным (рис.6). Скорректируем изображение таким образом, что его яркость $L(x,y)$ будет выражаться эмпирической зависимостью

$$L(x,y) = \tilde{L}(x,y) - s(x,y)\sigma(x,y)$$

(2.2.1)

где $\sigma^2(x,y)$ и $s(x,y)$ - дисперсия и асимметрия, т.е. второй и третий центральные моменты плотности распределения яркости на элементе изображения (x,y).

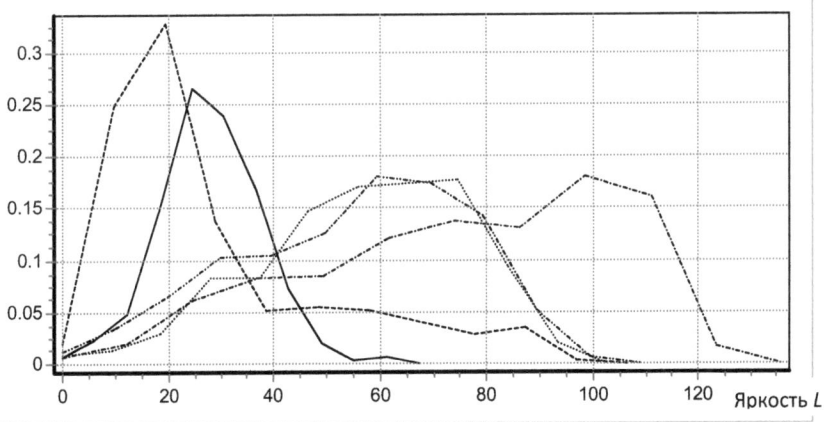

Рис.8. Гистограммы яркости на пяти соседних элементах изображения в относительных единицах (пропорциональных числу кадров)

Изображение рассчитанное по формуле (2.2.1) показано на рис 9а слева, а его ЧКХ – на рис 9b (пунктирная линия). Справа на рис. 9а – изображение, полученное обычным усреднением (то же, что на рис. 6с). Сплошная кривая на рис 9b – ЧКХ, рассчитанная по (1.1.4). Видно, что коррекция по (2.2.1) дает некоторое увеличение ЧКХ и качества изображения

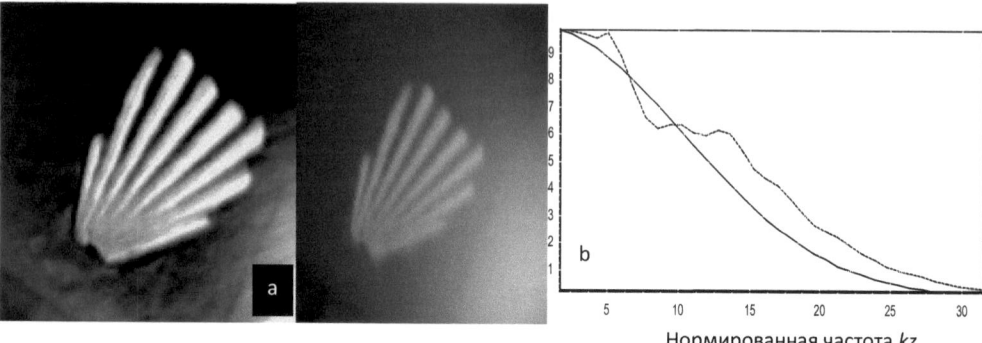

Нормированная частота *kz*

Рис.9. Изображение объекта, рассчитанное по формуле (2.2.1) слева и по сумме всех кадров справа (рис.9a) и его ЧКХ (пунктир нарис.9b)). Сплошная линия на рис 5b - ЧКХ усредненного изображения, рассчитанная по (1.1.4).

2.3. Метод коррекции изображения путем введения весового коэффициента и изменения длительности кадра

В этом методе, в котором, также как и во всех других, используется условие максимума нулевых уклонов в их плотности распределения, в изображение вводится весовой коэффициент в виде степ - функции для каждого кадра L_i и каждого пикселя в точке *(x,y)*

$$w(x,y) = \begin{cases} 0 & L(x,y) \leq L^*(x,y) \\ 1 & L(x,y) > L^*(x,y) \end{cases} \qquad (2.3.1)$$

где $L^*(x,y)$ некоторое «пороговое» значение $L(x,y)$. В эксперименте, проведенном на ЛМУ, регистрация изображения объекта, окрашенного в зеленый цвет и освещенного сверху через поверхность источником света с максимумом в красной области спектра, проводится с помощью цветной цифровой камеры, которая делит изображение на три цветные составляющие: *B* - синюю, *G* - зеленую и *R* – красную. В этом случае можно использовать весовой множитель

$$w(x,y) = \begin{cases} 0 & L_G(x,y) \leq L_R(x,y) \\ 1 & L_G(x,y) > L_R(x,y) \end{cases} \qquad (2.3.2)$$

где $L_G(x,y)$ и $L_R(x,y)$ - яркости зеленой и красной составляющих спектра изображения соответственно. Этот же весовой множитель можно использовать при наблюдении не окрашенного объекта, так как пропускание слоя воды между поверхностью и объектом в сине-зеленой области спектра значительно выше, чем в красном, и поэтому в изображении объекта будет преобладать сине-зеленая составляющая, тогда как в изображении поверхности – красная.

Яркость элементов скорректированного изображения объекта $L_o(x,y)$ определяется выражением:

$$L_o(x,y) = L_{max} \times \prod_{i=1}^{N} w_i(x,y) \qquad (2.3.3)$$

где L_{max} – константа равная максимальной яркости. При этом длительность каждого кадра и соответственно число кадров N могут быть разными и выбираются также из критерия наилучшей коррекции деталей изображения.

На рис. 10 для примера показаны скорректированные по (2.3.2) и (2.3.3) изображения при длительности кадра 0.3, 0,6 и 1.5 с при сохранении полного времени накопления 15 с, как при полном усреднении на рис 3, т.е число накопленных кадров $N = 50, 25$ и 10.

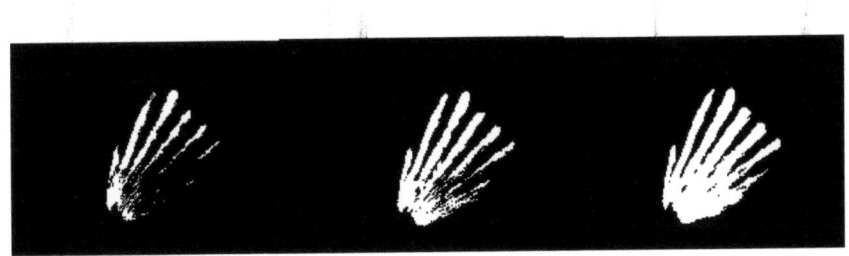

Рис.10. Результат коррекции изображения по (8) с выдержкой исходного кадра 0.3, 0,6 и 1.5 с.

Глава 3. Методы коррекции искажений изображения объекта с использование дополнительного источника света

Все вышеописанные методы улучшения изображения имеют общий недостаток, связанный с видом передаточной функции (1.1.4). Практически невозможно повысить ЧКХ для высоких пространственных частот. Для рещения проблемы предлагается метод, основанный на применении дополнительного источника света облучающего поверхность и позволяющего рассчитать уклон исходя из законов геометрической оптики. Методы определения уклонов водной поверхности зависят от формы дополнительного источника, а методы коррекции вытекают из закона преломления луча света на границе сред с различной оптической плотностью.

3.1. Описание метода коррекции искаженного изображения

Схема искажений луча света показана на рисунке 11. Луч света диффузного источника, находящегося в точке P_0, попадает на участок поверхности под углом φ_w к нормали к поверхности. Затем преломляется по закону Снеллиуса

$$\sin(\varphi_w)/\sin(\varphi_a) = n \qquad (3.1.1)$$

где n – показатель преломления, и под углом φ_a попадает на регистратор. Поскольку информации об уклоне поверхности на регистраторе нет, он воспринимает точку изображения P_0 как точку P_1, точку, которая попала бы на регистратор при невозмущенной поверхности. За счет этого возникает искажение изображения. Для устранения искажения надо определить координаты P_0, которые зависят от угла наклона поверхности η в точке пересечения луча с поверхностью. Рисунок 11 относится к случаю, когда плоскость, содержащая нормаль к уклону, и попадающий в приемник луч от объекта совпадают с вертикальной плоскостью. В общем случае положение этой плоскости в пространстве зависит от вектора уклона волны.

Основная идея методов коррекции изображений состоит в использовании информации о поле уклонов поверхности [19,20].

Вектор уклона в ограниченном количестве точек определяется с помощью дополнительного источника света, освещающего участок поверхности, через который передается изображение объекта [20-22]. В разделе 3.2 данной работы описаны различные способы определения уклона поверхности.

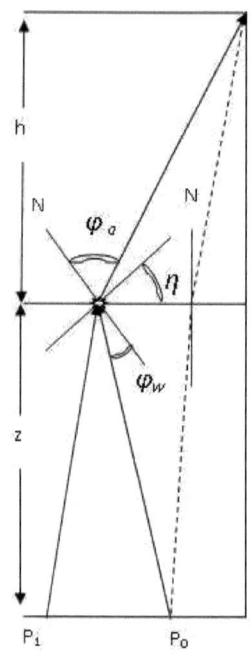

Рис.11. Геометрия отклонения изображения точки объекта вызванного наклоном водной поверхности.

P_0 – точка объекта, P_1- смещенное изображение точки P_0, z = глубина погружения объекта, h – высота наблюдения, η – уклон поверхности, φ_w – угол падения, φ_a – угол преломления, N - нормаль к поверхности

Схема эксперимента с использованием паралельного пучка света, проведенного на ЛМУ, показана на рис. 12. Для одновременного получения изображения подводного тест-объекта (4), подсвеченного снизу диффузным светом (3), и бликовой картины поверхности (1), освещенной широким параллельным пучком (при известном направлении и угле падения) от излучателя (5), использовалась цифровая цветная фотокамера (6). Обработка бликовой картины при известном направлении падения луча дополнительного источника позволяет (пользуясь только условием равенства углов падения и отражения) получить значения вектора уклона η в окрестности зеркальных точек в области поверхности, ответственной за искажение изображения (раздел 3.2). Для каждого мгновенного изображения информация об уклонах использовалась для коррекции некоторых фрагментов изображения, а коррекция всего изображения осуществлялась в результате суммирования (накопления) серии частично скорректированных мгновенных изображений.

В качестве объектов наблюдения использовались черно-белые мира (рис.19а) и растр (рис.20а). Объект фотографировался с малой выдержкой через взволнованную поверхность воды. Изображение одного кадра в этом случае представляет собой искаженный до неузнаваемости объект и наложенные на него блики (рисунки 19б и 20б). При известной геометрии эксперимента по координатам каждого из бликов находится величина вектора уклона точки поверхности, от которой в объектив попал этот блик. Пользуясь законом преломления, находим элемент объекта P_0 и смещение $\Delta P = P_0 - P_1$. На одном кадре имеется ограниченное количество бликов, участков поверхности зеркально отражающих свет дополнительного источника в объектив регистратора. В точках блика производится коррекция отдельных участков изображения объекта. Повторение и накопление кадров обеспечивает восстановленное изображение объекта, близкое к исходному (рисунки 19г и 20г). Если иметь поле уклонов по всей поверхности, можно полностью восстановить изображение, корректируя его поточечно.

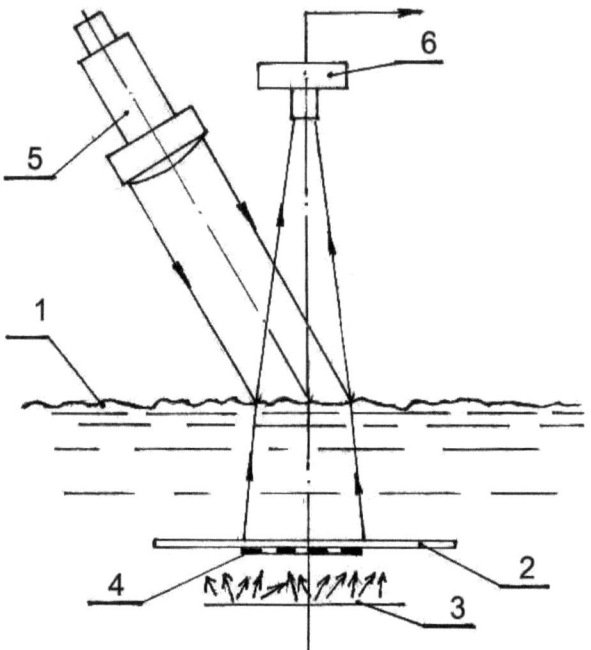

Рис. 12. Схема эксперимента. 1 – поверхность воды, 2 – иллюминатор, 3 – источник

диффузного света, 4 – тест-объект, 5 - источник параллельного светового пучка, 6 –

цифровая фотокамера.

По результатам эксперимента, описанным в главе 4, рассчитана
эмпирическая зависимость процента заполнения скорректированного
изображения от количества снимков в эксперименте.

$$N(p) = a * \exp(bp) \tag{3.1.1}$$

где *a=14, b=0.05556* – параметры аппроксимации, p - процент заполнения
изображения. Для восстановления изображения соответственно требуется
несколько сот снимков.

3.2. Оценки поля уклонов волн, полученных различными методами

Определение уклонов с применением точечного диффузного источника света, расположенного над поверхностью воды. Для источника с расходящимся пучком света потребуется информация о высоте его расположения над поверхностью воды. Геометрия лучей показана на рис. 13. Формулы для расчета уклона поверхности в точке О имеют те же обозначения, что и для рисунка:

$$h_p = (h_r + h_s)/2 \qquad \eta = arctg(l/h_p) \qquad (3.2.1)$$

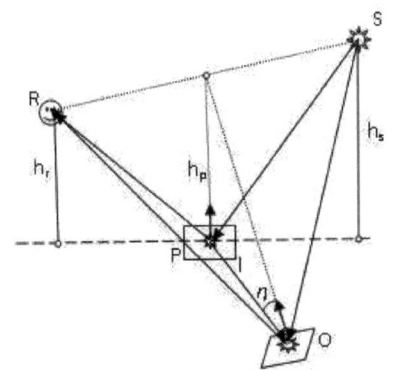

Рис. 13. Геометрия отражения лучей диффузного источника света
S – источник
R – приемник
P – точка отражения от плоской поверхности
O – точка отражения от наклонной поверхности
h_r – высота приемника
h_s – высота источника
η – уклон волны
l – расстояние

Среднеквадратическое отклонение уклонов водной поверхности для этого направления составило $\sigma_{max} = 6.3^\circ$, а для перпендикулярного направления – $\sigma_{min} = 4.4^\circ$, что соответсвует результатам контактных измерений приведенных в приложении 1.

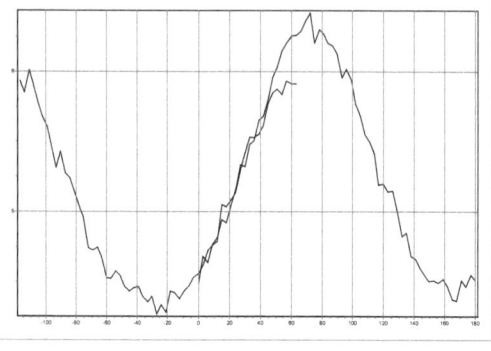

Рис.14. Среднеквадратические отклонения уклонов по всем направлениям.
Сплошная линия – для освещения вдоль основного направления волнения, штрихованная в перпендикулярном направления

В эксперименте так же использовалось определение уклонов с помощью источника параллельного пучка света. Нулевой уклон и направление определяются по координатам точки, отражающей этот свет в объектив регистрирующего устройства от невозмущенной поверхности воды.

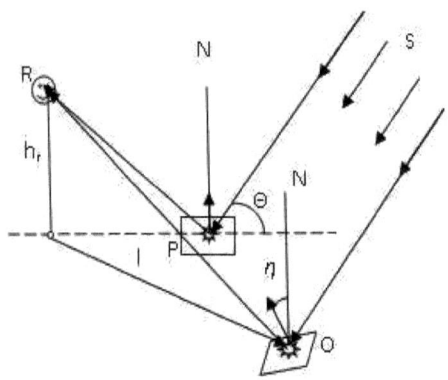

Рис. 15. Геометрия отражения лучей источника параллельного пучка света
S – источник
R – приемник
P – точка отражения от плоской поверхности
O – точка отражения от наклонной поверхности
h_r – высота приемника
Θ – наклон и направление лучей источника
η – уклон волны
I – расстояние
N – нормаль к уклону волны

Среднеквадратическое отклонение наклонов водной поверхности для этого направления составило $\sigma_{max}=7.2^{\circ}$, а для перпендикулярного направления – $\sigma_{min}=5.0^{\circ}$.

3.3. Оптические характеристики регистрируемого сигнала

Источник, освещающий объект, и дополнительный источник параллельного пучка света, освещающий поверхность, разделены по спектру [20]. Это позволяет различить на снимке их лучи.

В эксперименте использовались две схемы освещения. В первой красный свет дополнительного источника параллельного пучка, выделяемый светофильтром КС-18, освещал поверхность, а сине-зеленый применялся для диффузного освещения объекта (светофильтр СЗС-23). Во второй схеме в качестве источника диффузного света использовалась галогенная лампа, имеющая максимум яркости в красной части видимого света. Поэтому для освещения поверхности применялся синий светофильтр СС-15. Спектральные кривые в процентах показаны на рис. 16а для схемы освещения 1 и рис.16б для схемы 2. На горизонтальной шкале отложены длины волн в нм. Это позволяет различить изображение объекта, и блики поверхности на цветном снимке.

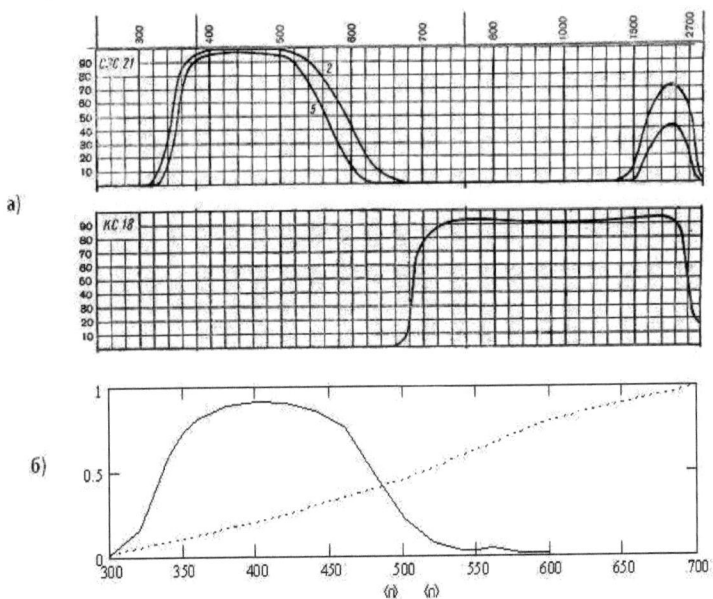

Рис.16. Спектральные кривые коэффициента пропускания а) стекла СЗС21 и КС18 б) стекло СС 15 и спектральная яркость галогенной лампы (штрих)

Глава 4. Результаты экспериментов по коррекции искажений изображения подводного объекта

4.1. Апробация имитационой модели переноса изображения через взволнованную поверхность для восстановления изображения при известном наклоне поверхности

Метод восстановления изображения, искаженного поверхностным волнением за счет преломления лучей на границе сред различной оптической плотности, при условии известной формы поверхности, разрабатывался на основе численной модели. Модель дает возможность определить свойства восстановленного изображения[23].

Процедура восстановления изображения основана на свойствах взволнованной водной поверхности, описанных в главе 3, имитации движущейся поверхности (Приложение 2), и методах восстановления.

Форма распределения яркости светящегося объекта для численной модели выбирается по двум признакам: наглядность геометрического изображения и простота математического описания. Для численной модели это может быть синусоида с нормированной относительно длины выбранного участка частотой, прямоугольник, черно-белая мира и т.д.

Восстановление изображения через нормальные участки поверхности предполагает регистрацию света, распространяющегося только по лучам, исходящим от участков объекта, не искаженным преломлением на поверхности. В каждое мгновение времени таких участков (сигналов) будет несколько. При движении волны количество площадок, нормальных лучу, попадающему в объектив приемника для каждой точки объекта, распределяются не равномерно, а согласно распределению уклонов водной поверхности. На рисунке 17 показаны сечения изображений синусоидального самосветящегося объекта, полученные через нормальные к лучу участки поверхности. Кривая 2 (рис.17а) соответствует сумме сигналов, пришедших по лучу от одной и той же точки объекта. Если накапливать только однократный сигнал, передающий один раз изображение одного участка объекта, получится результат, показанный на рис.17б, кривая 3. При этом могут оставаться участки объекта, изображение которых так и не достигнет приемника. Количество таких участков и скорость восстановления изображения зависит от дисперсии волнения (количества участков волны с большим наклоном). Данный метод предполагает, что нам известны участки поверхности, через которые изображение проходит без искажения. Метод позволяет точно восстановить форму не искаженного изображения. Кривые 1 и 3 на рисунке 17б отличаются за счет 2% потерь из-за отражения по Френелю на границе вода-воздух неполяризованного света с учетом углов падения, которые были вложены в модель.

Восстановление изображения при известной форме поверхности (уклонах волн), как описано в главе 3, представляет собой расчет координат точки объекта, откуда пришел луч. На рис.18а смоделировано изображение объекта, видимого через спокойную водную поверхность. На рис.18б - модель мгновенной картины искаженного изображения. При этом возвышения на поверхности моделируются, как описано в главе 3. Вектор наклона рассчитывается для каждой точки как градиент возвышений. Процедура восстановления полностью аналогична описанной в главе 3.

Из сравнения рисунков 18а и 18в видно, что изображение восстанавливается не все. Это происходит потому, что не все участки исходного объекта присутствуют на мгновенной картине искаженного изображения, некоторое количество точек в результате внутреннего отражения не появилось. Кроме того, некоторые точки объекта могут быть видны через различные склоны волны. Т.е. на искаженном изображении имеются несколько точек изображения одного и того же участка объекта. Но каждая точка изображения однозначно соответствует единственной точке объекта. ЧКХ восстановленного изображения показана на рис.18г-1. Для сравнения на рис.18г-2 приведена ЧКХ, рассчитанная по формуле 1.1.4 для волнения, имеющего такую же дисперсию (средний квадрат отклонения $\sigma=5°$), как и использованную для моделирования взволнованной поверхности.

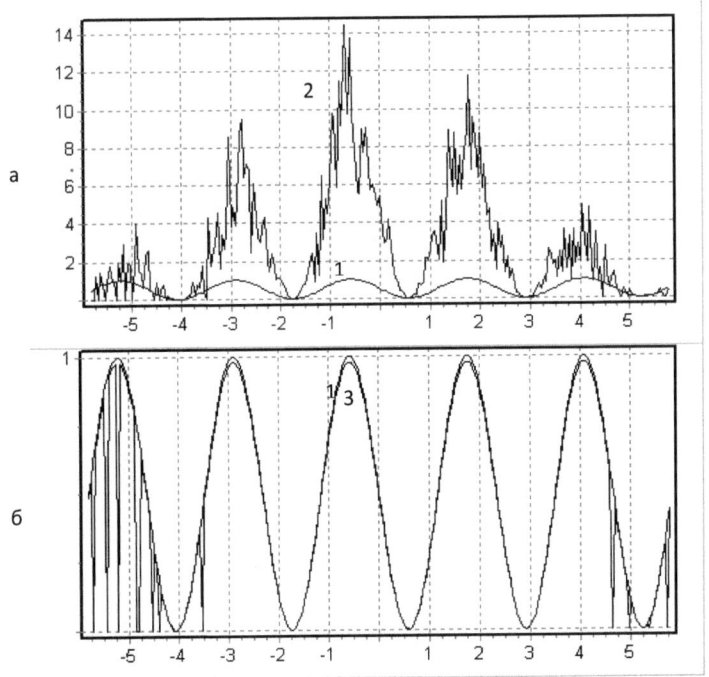

Рис. 17. Сечения численно моделированного изображения синусоидального объекта (1), полученные через участки поверхности, нормальные распространению луча. 2 — суммарное накопленное изображение, 3 - накопленное без суммирования.

Оценки ЧКХ миры подвержены большим шумам по причине коротких выборок, и применение спектральных окон не спасает ситуацию, поэтому вместо плавных кривых получается результат с большой дисперсией оценок.

Проверка метода восстановления на численной модели показывает, что полного восстановления изображения, искаженного взволнованной поверхностью, данным методом получить нельзя, тем не менее, метод дает результат, достаточный для восстановления геометрических очертаний объекта, т.е. его узнаваемости, и позволяет различить высокочастотные детали изображения, которые будут заведомо потеряны при длительном накоплении, что видно из формулы Мулламаа (рис.18г-2).

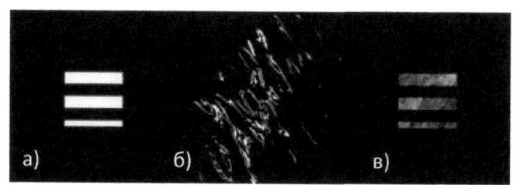

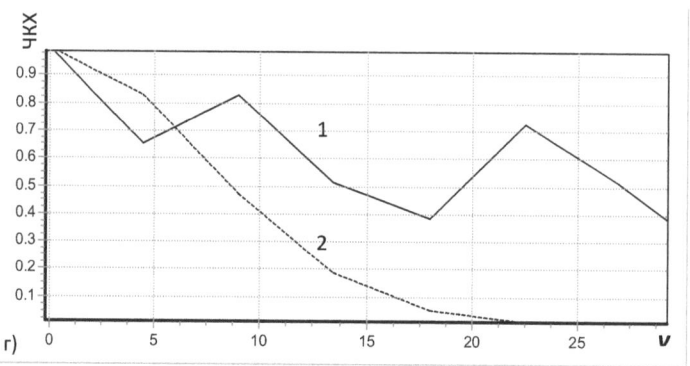

Рис.18. Восстановление численно моделированного изображения миры при известной поверхности: а – изображение объекта, б – искаженное изображение, в – восстановленное изображение, г - 1 - частотно контрастная характеристика восстановленного изображения, 2 – ЧКХ, рассчитанная по формуле Мулламаа (1.1.4)

4.2. Экспериментальное восстановление изображения

Для эксперимента по восстановлению изображения [20,21,22,23] в качестве объекта использовалась мира размером (рис.19а) или растр (рис.20а). В этом эксперименте использовалась первая схема освещения, описанная в разделе 4.3. Минимальная выдержка каждого снимка 1/400 с при относительной диафрагме 1:2.8 и чувствительности ISO = 400.

В эксперименте была получена серия фотографий мгновенного изображения объекта (пример на рис.16б). Была сделана серия из 1024

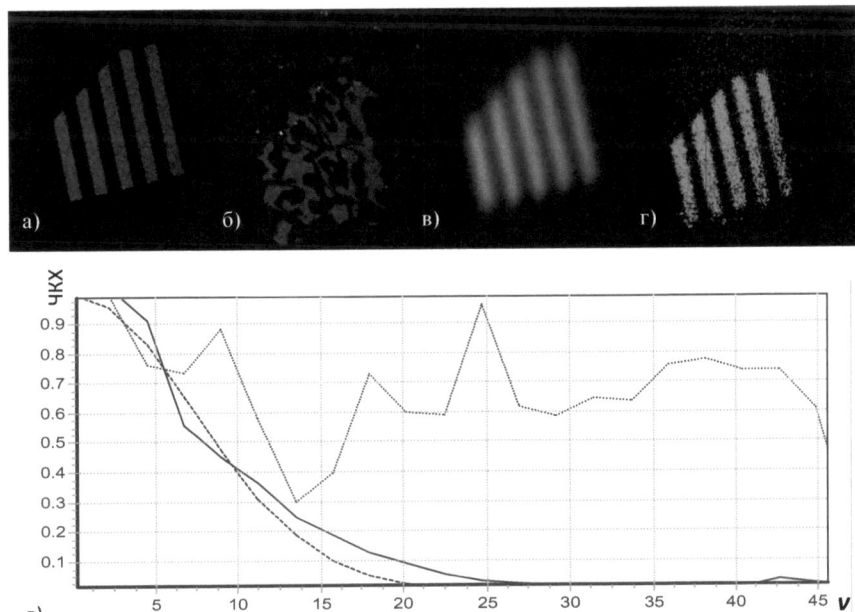

Рис. 19. Результаты второго эксперимента. Изображение скошенной миры: а – при спокойной поверхности, б – пример мгновенного изображения при взволнованной поверхности, в – накопленное без коррекции, г – восстановленное, д - частотно контрастная характеристика для накопленного изображения миры (сплошная линия), вычисленная по формуле (3.1.4) для среднеквадратичного уклона $\sigma=4.9°$ (штрихованная линия), и рассчитанная по восстановленному изображению миры (пунктирная линия).

снимков. Усредненная сумма всех фотографий помещена на рисунке 19в. Это изображение удобно для сравнения с результатом коррекции рис.19г. Обилие шумов на рис.19г. вызвано применением бытовой фотокамеры, на которой при малых интенсивностях света отношение красного и зеленого света имеет большой разброс. ЧКХ суммарного изображения (рис.19д - сплошная линия) хорошо совпадает с ЧКХ, рассчитанной по формуле Мулламаа (рис.19д - штрихованная линия) для дисперсии уклонов поверхности в направлении, перпендикулярном действию ветра ($\sigma=4.9°$ глава 2.3).

Вторая серия состоит из 657 фотографий (рис.20). В качестве объекта используется растр – черно-белая мира с линейным изменением периода вдоль одной из осей от 4 до 40мм. Вторая схема освещения (глава 3.3) была выбрана для проверки возможного улучшения качества изображения за счет уменьшения выдержки до 1/1250с, для чего в качестве диффузного осветителя использовалась галогенная лампа мощностью 500 Вт. В отличие от предыдущих серий растр был ориентирован вдоль направления действия ветра, для которого дисперсия наклонов наибольшая.

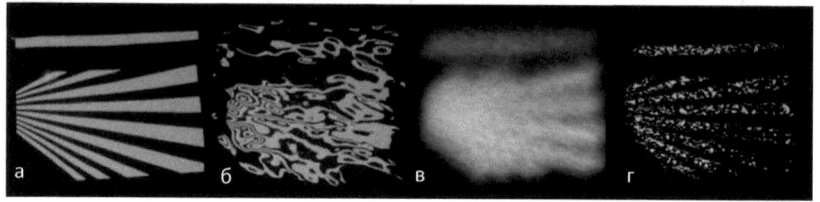

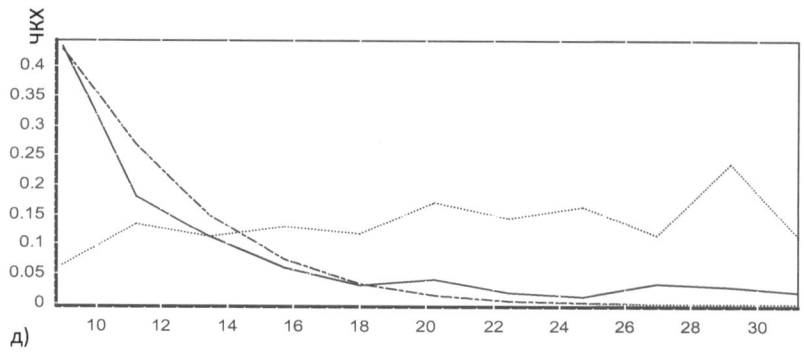

Рис. 20. Результаты третьего эксперимента. Изображение объекта в виде растра: а – при спокойной поверхности, б – пример мгновенного изображения при взволнованной поверхности, в – накопленное без коррекции, г – восстановленное, д - частотно контрастная характеристика для накопленного изображения миры (сплошная линия), вычисленная по формуле (3.1.4) для среднеквадратичного уклона σ=7.6° (штрихованная линия), и рассчитанная по восстановленному изображению миры (пунктирная линия).

Изображение растра наглядно демонстрирует разницу между скорректированным изображением (рис.20г) и изображением, накопленным без коррекции (рис.20в), на котором различимы только крупные фрагменты.

На рисунке 20г четко прослеживаются мелкие детали, которые не удастся увидеть на накопленном изображении. Этот вывод подтверждается видом ЧКХ (рис.20д - пунктирная линия), несмотря на выбросы в высоких частотах, вызванных шумами изображения. Контраст деталей с нормированной пространственной частотой менее 14 на восстановленном изображении хуже, чем на изображении, полученном путем суммирования без коррекции. Предположительно это связано с техническими характеристиками бытовых фотокамер. При относительной пространственной частоте более 14 контраст деталей и качество корректированного изображения значительно выше, чем в накопленном изображении без коррекции.

Заключение

Предлагаемые методы восстановления изображения прошли экспериментальную проверку в лабораторных условиях. Их эффективность не всегда одинакова, и не все методы можно использовать без дополнительной информации о волнении и освещении. Однако полученные результаты позволяют надеятся, что некоторые методы можно применять при попытках восстановления изображения, полученного в натурных наблюдениях при естественных условиях освещения.

Приложение 1. Характеристики волнения, генерируемого в бассейне ЛМУ

Вероятностные характеристики возвышений взволнованной поверхности

Состояние поверхности воды $\zeta(x,y,t)$ можно описать трехмерным спектром $S(\omega,k.\theta)$, где ω – частота, k – волновое число и θ – направление. С учетом существования дисперсионного соотношения $f(\omega,k)=0$, взволнованную поверхность можно описать двумерным спектром вида $S(\omega,\theta)$ или $S(k,\theta)$ [27]. Волнение в точке $\zeta(x_0,y_0,t)$ характеризуется частотным спектром возвышений

$$S_\zeta(\omega) = \overline{Z(\omega)*Z^*(\omega)} \tag{1.1}$$

где $Z(\omega)=\int_\infty \zeta(t)\exp(-i\omega t)dt$ - преобразование Фурье, $Z^*(\omega)$- сопряженное преобразование Фурье. Оценка спектра волнения в бассейне вычисляется традиционным методом как квадрат преобразования Фурье возвышений взволнованной водной поверхности с использованием быстрого преобразования Фурье, весового окна Хеннинга и низкочастотного фильтра Баттерворта. В частности, использовался метод Уэлча [28].

Анализ полученных оценок спектра волнения показывает наличие двух хорошо различимых систем волнения с параметрами указанными в таблице 1. Система 1 характеризуется очень узким спектром и сформировалась как результат неравномерности воздушного потока от вентиляторов и отражения волн от стенок бассейна. Система 2 представляет собой ветровые волны с более широким спектром. Скорость изменения спектра различается для различных диапазонов частот, связанных с различным волнением. Для диапазона частот от 6 до 30 Гц падение спектральной плотности пропорционально частоте в степени –2, что близко соответствует описанию высокочастотного спектра волнения, приведенного в работе Уолкера [29] как закон –7/3. Падение спектральной плотности для частот от 20 до 100 Гц пропорционально частоте в степени –5.

Исходя из расчета оценок средних высот и длин волн, можно сказать, что волны этой системы в 5 раз более крутые, чем волны системы 1.

Таблица 1. Некоторые параметры ветровых волн в бассейне

	Частота максимума в Гц	Волновое число максимума м$^{-1}$	Длина волны в см	Фазовая скорость в см/с	Средняя высота в мм
Система 1	2.5	4	25	60	4.5
Система 2	9	35	3	26	2.5

Расчет длин волн и фазовых скоростей проводился с использование дисперсионного соотношения для гравитационно-капилярного диапазона волн вида, $\omega^2 = gk + \gamma k^3 / \rho_w$, где g – ускорение силы тяжести 981 см/с^2, γ-коэффициент поверхностного натяжения, принятый равным 73 г/с^2, ρ_w-плотность воды (1 г/см^3.).

Вероятностные характеристики уклонов волн

Под уклоном водной поверхности понимается градиент возвышения водной поверхности $\zeta_{xy} = grad\zeta = \left(\mathbf{i} \dfrac{\partial}{\partial x} + \mathbf{j} \dfrac{\partial}{\partial y} \right) \zeta$ волнового поля $\zeta(x,y,t)$, обладающего свойствами стационарности и однородности. Дисперсия $D_{\zeta xy}$ векторной случайной функции ζ_{xy} определена тензором [27]

$$D_{\zeta_{xy}} = \begin{pmatrix} m_{20}, m_{11} \\ m_{11}, m_{02} \end{pmatrix} \tag{1.2}$$

где m_{20} и m_{02} – дисперсии уклонов в направлении x и y, а m_{11} - коэффициент корреляции между ними.

Учитывая, что ось x выбрана в произвольном направлении и ось y перпендикулярна к ней, а тензор (1.2) описывает эллипс, главные оси эллипса m_{2max} и m_{2min}

$$m_{2\min}^{\max} = m_{20} + m_{02} \mp \sqrt{(m_{20} - m_{02})^2 + 4m_{11}} \quad , \tag{1.3}$$

а дисперсия уклонов в произвольном направлении θ описывается выражением

$$m_2(\theta) = m_{2\max} \cos^2 \theta + m_{2\min} \sin^2 \theta , \tag{1.4}$$

где основное направление волнения

$$tg2\theta_m = \frac{m_{11}}{m_{20} - m_{02}} \tag{1.5}$$

Оценку уклонов можно получить по синхронным измерениям возвышений в четырех точках $\zeta_1(t), \zeta_2(t), \zeta_3(t), \zeta_4(t)$ как отношение конечных разностей к расстоянию между датчиками

$$\zeta_x(t) = (\zeta_3(t) - \zeta_1(t))/\Delta x, \quad \zeta_y(t) = (\zeta_4(t) - \zeta_2(t))/\Delta y, \tag{1.6}$$

где $\Delta x, \Delta y$ – расстояние между датчиками многострунного волнографа.

По этим же данным можно рассчитать двумерную спектральную плотность методом, предложенным Лонге–Хиггинсом[30] и Свешниковым[31] путем расчета коэффициентов a_n и b_n разложения функции $S(\omega, \theta)$ в ряд Фурье

$$S(\omega, \theta) = a_0(\omega)/2 + \sum_{n=1}^{\infty} [a_n(\omega) \cos n\theta + b_n(\omega) \sin n\theta] \tag{1.7}$$

где для $n=2$

$$a_0(\omega) = 1/\pi S_\zeta(\omega) = 1/(\pi k^2)\left[S_{\zeta_x}(\omega) + S_{\zeta_y}(\omega)\right],$$
$$a_1(\omega) = 1/(\pi k)Q_{\zeta\zeta_x}(\omega),$$
$$b_1(\omega) = 1/(\pi k)Q_{\zeta\zeta_y}(\omega),$$
$$a_2(\omega) = 1/(\pi k^2)\left[S_{\zeta_x}(\omega) - S_{\zeta_y}(\omega)\right],$$
$$b_2(\omega) = 1/(\pi k^2)C_{\zeta_x\zeta_y}(\omega),$$

(1.8)

где $Q_{\zeta\zeta_x}(\omega), Q_{\zeta\zeta_y}(\omega)$ - комплексная часть взаимной спектральной плотности возвышения и пространственной производной волновой поверхности в двух взаимоперпендикулярных направлениях в фиксированной точке (x, y), $C_{\zeta_x\zeta_y}(\omega)$ - вещественная часть взаимной спектральной плотности производных в двух взаимоперпендикулярных направлениях в точке (x, y).

Оценки этих функций могут быть получены по синхронным наблюдениям $\zeta_i(t)$ в нескольких точках. Частные производные рассчитываются по формуле

$$\zeta_{x^p y^q}(t) = \sum_{i=1}^{k} a_{pq}^i \zeta_i(t),$$

(1.9)

где коэффициенты a_{pq}^i зависят от схем расположения датчиков и вычисления производной.

Для четырехточечной схемы расстановки датчиков, расположенных в углах квадрата, применимы следующие формулы.

$$S_\zeta(\omega) = \left[S_{\zeta_1}(\omega) + S_{\zeta_2}(\omega) + S_{\zeta_3}(\omega) + S_{\zeta_4}(\omega)\right]/4;$$
$$S_{\zeta_x}(\omega) = \left[S_{\zeta_1}(\omega) + S_{\zeta_3}(\omega) - 2C_{\zeta_1\zeta_3}(\omega)\right]/2(\Delta x)^2;$$
$$S_{\zeta_y}(\omega) = \left[S_{\zeta_2}(\omega) + S_{\zeta_4}(\omega) - 2C_{\zeta_2\zeta_4}(\omega)\right]/2(\Delta y)^2;$$
$$Q_{\zeta\zeta_x}(\omega) = \left[Q_{\zeta_2\zeta_1}(\omega) + Q_{\zeta_3\zeta_2}(\omega) + Q_{\zeta_4\zeta_1}(\omega) - Q_{\zeta_4\zeta_3}(\omega) + 2Q_{\zeta_3\zeta_1}(\omega)\right]/8\Delta x;$$
$$Q_{\zeta\zeta_y}(\omega) = \left[Q_{\zeta_2\zeta_1}(\omega) + Q_{\zeta_3\zeta_2}(\omega) + Q_{\zeta_4\zeta_1}(\omega) - Q_{\zeta_4\zeta_3}(\omega) + 2Q_{\zeta_4\zeta_1}(\omega)\right]/8\Delta y;$$
$$C_{\zeta_x\zeta_y}(\omega) = [C_{\zeta_1\zeta_2}(\omega) - C_{\zeta_2\zeta_1}(\omega) - C_{\zeta_1\zeta_4}(\omega) + C_{\zeta_3\zeta_4}(\omega)]/2\Delta x\Delta y.$$

(1.10)

Полученная таким образом оценка направленного спектра может быть использована для анализа регистрируемого волнения с помощью моментов, определяемых как [27]

$$m_{pq} = \int\limits_{\omega_1}^{\omega_2} \int\limits_{-\pi}^{\pi} S(\omega,\theta)\omega^{p+q} \cos^p \theta \sin^q \theta d\omega d\theta \qquad (1.11)$$

Подставляя в уравнения 1.11 соответствующие значения p и q, можно получить уравнения для вычисления оценок дисперсии уклонов, используемых в уравнениях 1.3, 1.4 и 1.5. Такой подход дает возможность проверить точность вычисления оценок вероятностных характеристик уклонов по сравнению с расчетом по конечным разностям.

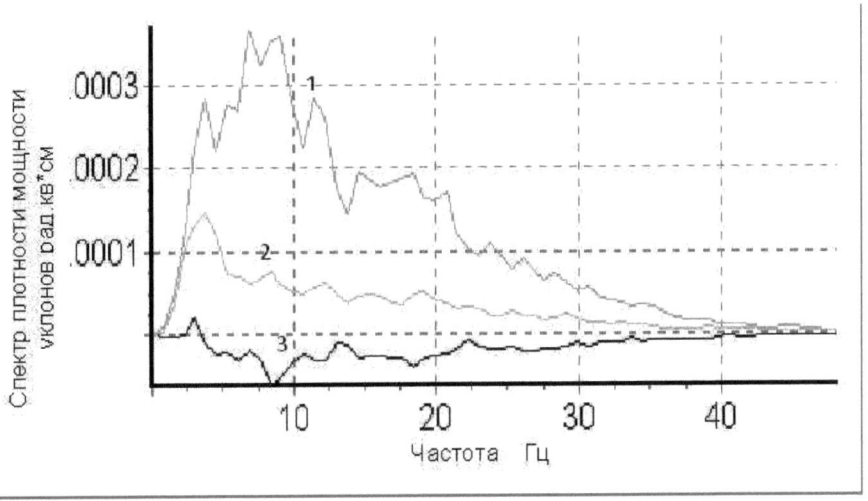

Рис. 1. Сверху вниз: 1 - спектр уклонов по оси X, 2 - спектр уклонов по оси Y и 3 - взаимный спектр уклонов

На рисунке 1 данного приложения показаны результаты расчетов. Уклоны в диапазоне частот от 8 до 10 Гц вносят максимум в дисперсию наклонов. Отклонение значений взаимной спектральной плотности от нуля на рис.6 означает, что оси XY, выбранные в произвольном направлении, не совпадают с направлением распространения волнения.

Пересчет можно выполнить по формуле 1.3. Среднеквадратический уклон по данным измерений составляет для двух направлений $\sigma_{max}=6.1°$ и $\sigma_{min}=4.3°$.

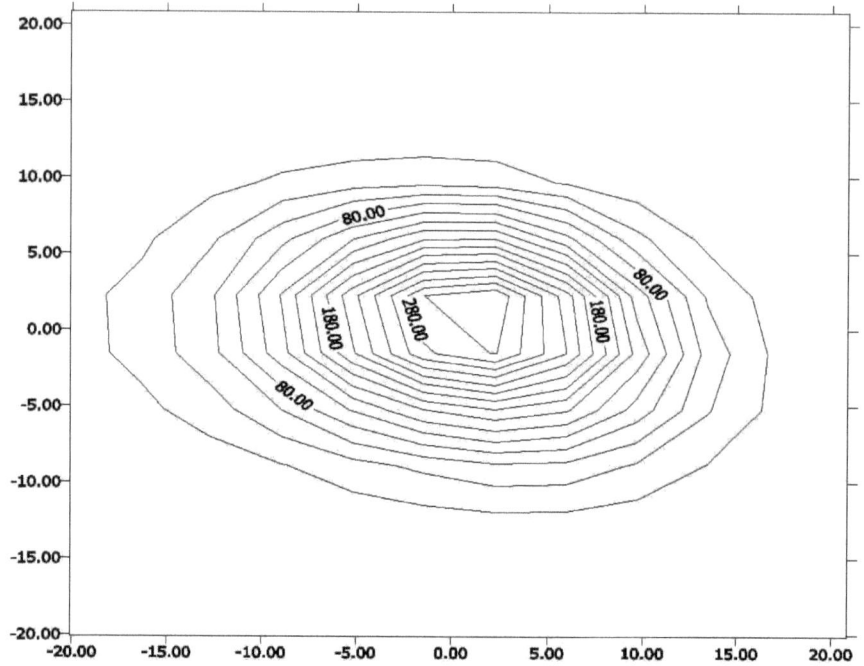

Рис. 2. Гистограмма распределения уклонов. Горизонтальная ось совпадает с направлением распространения волнения. Оцифровка осей в градусах

По разностям синхронных измерений (формула 1.6) построена гистограмма уклонов (рис.2). Оценка среднеквадратического уклона составляет $\sigma_x=7.6°$ и $\sigma_y=4.2°$ соответственно по данным пяти серий измерений в нескольких точках бассейна.

Оценка вероятностных характеристик уклонов по данным оптических измерений.

Для определения уклонов оптическим методом использовался светящийся тест-объект в виде круга диаметром 2 мм, расположенный на глубине z = 250 мм, наблюдаемый видеокамерой с высоты H = 585 мм над уровнем поверхности.

При наличии ветрового волнения его изображение размывается за счет изменений уклона поверхности в разных точках и преломления на границе вода - воздух.

В процессе накопления телевизионного сигнала в течение более пяти секунд формируется размытое изображение (рис. 4а), двумерное распределение яркости которого повторяет, в некотором масштабе, двумерную функцию распределения плотности вероятности уклонов (рис. 4б). Уклоны связаны с расстоянием от центра координат на поверхности соотношением 2.14. Следует отметить, что уклоны могут в данном случае принимать положительные и отрицательные значения.

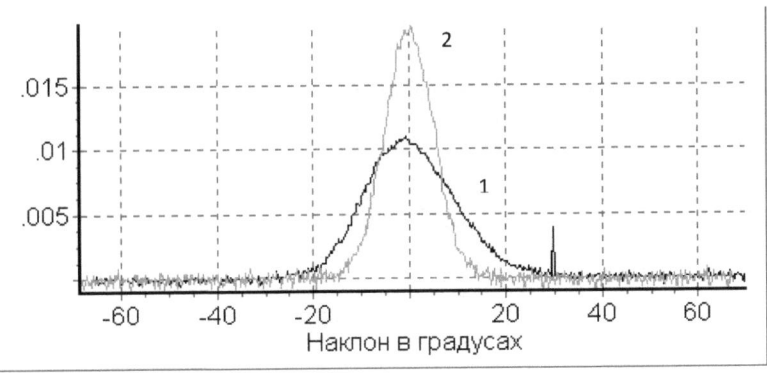

Рис. 3. Сечения двумерной плотности вероятности уклонов 1 - в направлении действия ветра и 2 - в перпендикулярном

Среднеквадратичное отклонение уклонов водной поверхности для этого направления составило σ_{max} =9.3°, а для перпендикулярного направления –

σ_{min} =5.3°. Те же величины, полученные обработкой результатов измерений контактным волнографом после осреднения по пяти сериям измерений в разных точках бассейна, составили: σ_1 = 7.6° и σ_2 = 4.2°. Расхождение результатов, полученных различными методами, составляет 22 – 25 %.

На рисунке 3 изображены плотности вероятности уклонов для сечений в двух взаимно перпендикулярных направлениях. Максимальные зарегистрированные углы уклонов составляют 29° для направления распространения волн и 15° для перпендикулярного направления. Отклонение моды от среднего направления составляет 2° и 0° соответственно.

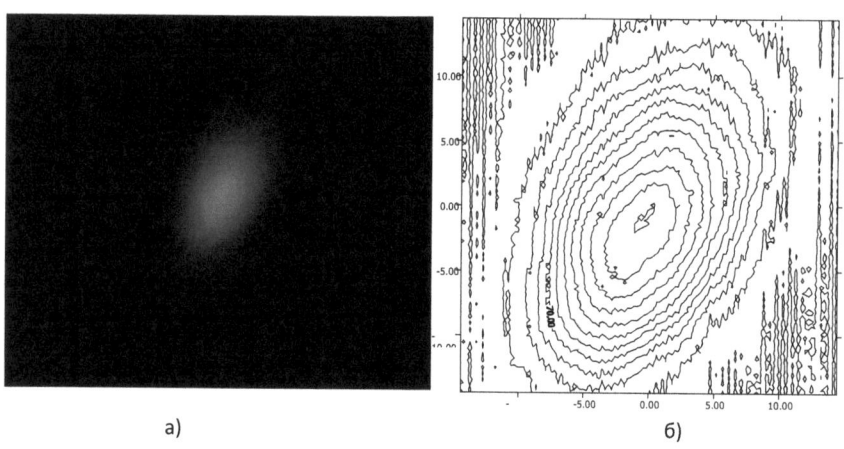

a)   б)

Рис. 4. Накопленное изображение точечного источника (а) и оценка двумерной функции распределения плотности вероятности уклонов (б). По осям углы в градусах.

Оптический метод позволяет измерять наклоны волн по отклонению изображения диффузного точечного источника на снимке. Геометрия лучей, образующих изображение тестового объекта, представлена на рис.5. Начало системы координат расположено в точке пересечения луча от источника с поверхностью воды. Высоты волн не учитываются в связи с их малостью по сравнению с высотой съемки и глубиной расположения объекта. Луч от источника преломляется в точке поверхности S, имеющей уклон η, и попадает в приемник под углом α к вертикали. Угол преломления луча на поверхности воды равен: $\varphi_a = \alpha + \eta$. Угол падения луча на поверхность снизу φ_w связан с углом φ_a законом Снеллиуса $\varphi_w = \varphi_a/n$. $(n=1.34)$. Из геометрических соображений следует, что подводный угол между вертикалью и направлением на точку S равен $\alpha_w = \varphi_a/n - \eta$, откуда следует

$$\eta = (\alpha + n\alpha_w)/(n-1) \tag{1.13}$$

В реальном эксперименте положение точки S определяется расстоянием от центра координат x. Подставив в формулу 2.13 соотношения $\alpha = x/h$ и $\alpha_w = x/z$, (учитываем малость углов наклона), получим

$$\eta(x) = x \ (1/h + n/z)/(n-1). \tag{1.14}$$

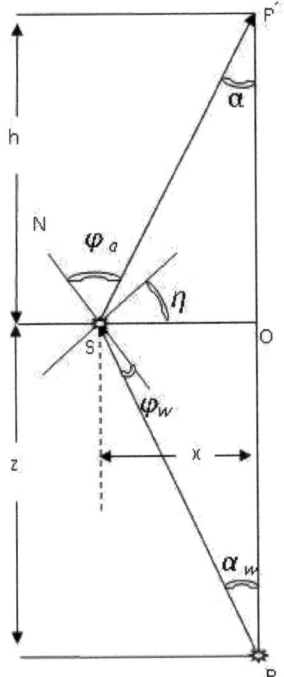

Рис. 5. Геометрия отклонения изображения точки вызванного наклоном водной поверхности.

P — точка расположения самосветящегося источника (объекта)

O — центр координатной системы

S — точка на поверхности

z — глубина погружения объекта

h — высота наблюдения

η — уклон поверхности

α - угол между вертикалью и направлением от приемника на точку S

α_w - угол между вертикалью и направлением света от точки P на точку S

Приложение 2. Численная имитационная модель волнового процесса в бассейне ЛМУ

Имитационная модель движущейся волны

В задачах переноса изображения через взволнованную водную поверхность важную роль играет моделирование волнового процесса [32]. Имитационная модель волнового процесса в опытовом бассейне состоит из следующих компонентов: аппроксимация частотного спектра водной поверхности, дисперсионное соотношение для гравитационно-капиллярного диапазона, угловое распределение энергии в двумерном спектре и случайная равномерно-распределенная фаза волны. Далее двумерная модель мгновенного распределения уклонов по водной поверхности используется для моделирования переноса изображения. Изменение во времени формы поверхности моделируется сдвигом фаз за заданный период времени.

Входными параметрами для функции аппроцсимации частотного спектра возвышений являются дисперсия возвышений D_ζ, частота спектрального максимума f_m и наклон равновесного участка спектра, определяемый параметром m. Для аппроксимации спектра возвышений волнения используется формула

$$S_\zeta(f) = a\bar{f}\exp[1-\bar{f}], \qquad (2.1)$$

где $a = \dfrac{D_\zeta}{\int_{-\infty}^{\infty}\bar{f}\exp[1-\bar{f}]df}$, $\bar{f} = \left(f/f_m\right)^{-m}$, f – частота в Гц, $m=5$.

Эта аппроксимация принята здесь потому, что параметр a определяется дисперсией процесса, которая нам хорошо известна. Форма спектрального пика для задачи моделирования искажений изображения в бассейне фактически не имеет значения, поскольку частота ряби, вносящая основную долю искажений, значительно больше энергонесущей и находится в области капиллярных волн. Широко распространенная в океанологии аппроксимация спектра ветрового волнения Пирсона – Московитца, которая создавалась и хорошо работает для гравитационного диапазона частот волн на океанских просторах, не работает в условиях бассейна ограниченных размеров. Произвольное изменение эмпирических параметров, входящих в аппроксимацию, не спасает ситуацию, поскольку не удается связать измеренные величины скорости ветра, дисперсии возвышений и частоты максимума спектра волнения.

Направленно независимый спектр возвышений по волновым числам $S_\zeta(k)$ получаем из частотного спектра по дисперсионному соотношению [29]

$$S_\zeta(k) = S_\zeta\big(f(k)\big)\frac{df(k)}{dk} \tag{2.2}$$

где $f(k)$ – дисперсионное отношение, $k=1/\lambda$ – пространственная частота, λ – длина волны в см.

Пространственный спектр плотности мощности волнения, зависящий от волновых чисел и направления ϑ в пределах от 0 до π, рассчитывается как произведение спектра волновых чисел на угловое распределение]:

$$S_\zeta\big(k,\vartheta\big) = S_\zeta(k)\cdot Q\big(k,\vartheta\big) \tag{2.3}$$

Используется угловое распределение, не зависящее от волнового числа вида:

$$Q(\vartheta) = \cos^{2p}\big(\vartheta/2\big), \tag{2.4}$$

где $p=2$ – параметр аппроксимации, который оценивается по двумерной функции распределения наклонов, описанной выше.

Численная имитационная модель взволнованной поверхности на начальный момент времени t_0 представляет собой преобразование Фурье спектра пространственных частот $W(k,\vartheta)$, состоящего из корня квадратного спектра плотности мощности волнения и случайной равномерно распределенной фазы волны $\Omega_0(k,\vartheta)$

$$W_0(k,\vartheta) = \sqrt{S(k,\vartheta)dk}\,\exp\big(j\Omega_0(k,\vartheta)\big). \tag{2.5}$$

Движение волн по поверхности рассчитывается за счет изменения фазы волны в каждой точке за промежуток времени Δt

$$\Delta\Omega(k) = c \cdot \Delta t \cdot k = f(k) \cdot \Delta t \qquad (2.6)$$

где $c = f/k$ – фазовая скорость волны. Тогда в уравнение 2.5 фаза на каждый момент времени $t_i = t_{i-1} + \Delta t$ будет меняться

$$\Omega_i(k, \vartheta) = \Omega_{i-1}(k, \vartheta) + \Delta\Omega(k). \qquad (2.7)$$

Переходя от полярных к декартовым координатам, рассчитываем возвышения взволнованной поверхности как вещественную часть обратного преобразование Фурье:

$$\zeta_i(x, y) = \mathrm{Re}\{F[W_i(k_x, k_y)]\} \qquad (2.8)$$

Контроль результата ведется по дисперсии возвышений, которая задается на входе в модель.

Уклон волны рассчитывается как градиент возвышения водной поверхности, а движение – как набор поверхностей, рассчитанных для моментов времени t_i.

Дисперсионное соотношение для гравитационно-капиллярного диапазона волн с учетом эффекта Доплера

Ветровое волнение в бассейне состоит из двух систем волн (см. таблицу 1 в приложении 1). Волны ряби находятся в диапазоне частот, где влияние поверхностного натяжения превышает влияние ускорения силы тяжести, и они распространяются на поверхности энергонесущей волны, частота которой более чем в три раза меньше. Оба фактора необходимо учесть для формирования дисперсионного отношения, используемого в модели.

Дисперсионное отношение для гравитационно-капиллярного диапазона частот ветровых волн имеет вид [29]

$$f^*(k) = \sqrt{\frac{gk}{2\pi} + \frac{2\pi\gamma k^3}{\rho}}, \qquad (2.9)$$

где f^* - частота, $k=1/\lambda$ – пространственная частота, λ – длина волны, g – ускорение силы тяжести, γ - коэффициент поверхностного натяжения, ρ - плотность воды.

Из уравнения 2.2 можно получить оценку дисперсионного отношения по оценкам спектра наклонов и спектра возвышений волнового процесса для бассейна ЛМУ в виде [32]

$$k(f) = \frac{1}{4\pi}\sqrt{[S_x(f) + S_y(f)]/S_\zeta(f)} \qquad (2.10)$$

Из рисунка 1 (кривые 1 и 4) видно значительное расхождение результата вычислений по формулам 2.9 и 2.10. Мы попытались приблизить описание дисперсионного отношения к результатам расчета его оценки, полученной по данным контактных измерений возвышений синхронно в четырех точках за счет учета эффекта Доплера.

Эффект Доплера на поверхностном течении обычно описывается уравнением

$$f(k) = f^*(k) + ku \qquad (2.11)$$

где u - скорость течения. Для ветровых волн, распространяющихся на поверхности зыби, которую можно рассматривать как монохроматическую волну, скорость орбитального движения частиц, образующих поверхностное течение, может быть выражено в виде $u = u_m\cos(2\pi(k_m\rho - f_m t))$ где $u_m = ak_m c_m$ - скорость орбитального движения, ak_m – крутизна волны. Для случайного волнового поля, где скорость поверхностного течения также определяется крутизной энергонесущей волны, которая в спектре волнения имеет острый пик, влияние орбитальной скорости частиц, по предположению Уолкера [29], будет аналогичным влиянию зыби. Отличие заключается в том, что, как предположил Баннер [33,34], влияние становится незначительным по мере приближения f к f_m, при этом $(\Delta f)^2 = 1/2\sigma_u^2 k^2$, где σ_u^2 – дисперсия скоростей течения, которая зависит от дисперсии волнения D_ζ на участке энергонесущего максимума

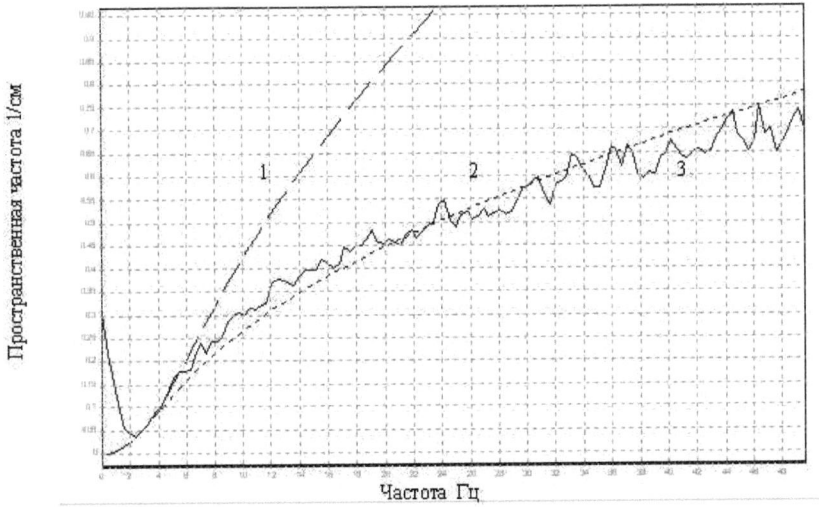

Рис. 1.1 Дисперсионное отношение: 1- расчет по формуле 3.2.1, 2 – расчет по формуле 3.2.4, 3 - оценка по измерения контактным волнографом(формула 3.2.2)

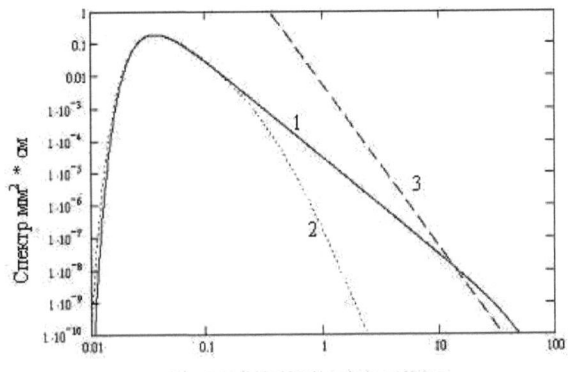

Пространственная частота 1/см

1.2 Спектр волнения по пространственным частотам, полученный из частотного спектра с помощью дисперсионного соотношения 1 – формула 3.2.1, 2 – формула 3.2.4, 3 – Наклон кривой пропорциональный k^{-5}

Это приводит к новому дисперсионному отношению, в котором эффект Доплера зависит от разности волновых чисел.

$$f = f^* + f_m \left[\frac{2\pi \cdot \mu \cdot \sigma (k - k_m)^2}{k_m} \right],$$ (2.12)

где $\sigma = \sqrt{D_\zeta}$ - средний квадрат отклонения возвышений, $\mu=0.9$ – эмпирический параметр.

Учет эффекта Доплера отсекает на спектре по волновым числам короткие волны, что можно видеть на рисунке 1.2. Это выражается в том, что визуально мы наблюдем на поверхности воды волны, минимальная длина которых ограничена (не менее 1см по экспертным оценкам). Ограничены или очень редки большие уклоны, что видно на гистограммах, построенных по измеренным величинам контактным и оптическим методом (приложение 1).

Список литературы

1. Гершун А. А. (1936). Световое поле. Москва: ОНТИ.

2. Шулейкин В.В. (1968 г.). Физика моря. Москва: Наука.

3. Duntley S.Q. (1963). Light in the sea. J. Opt. Soc. Amer. , 53 (2), 214-233.

4. Preizendorfer R. (1976). Hydrologic Optics. Honolulu: NOAA.

5. Иванов А. (1978). Введение в океанографию/ Пер. с франц. Москва: Мир.

6. Ерлов Н. Г. (1980). Оптика моря/ Пер. с англ. Ленинград: Гидрометеоиздат.

7. Осадчий В.Ю., Левин И.М., Савченко В.В., Французов О.Н. (2004). Лабораторно-модельная установка для исследования переноса излучения и изображения через взволнованную водную поверхность. Океанология , 44 (1), 154-159.

8. Гонсалес Р., Вудс Р. Цифровая обработка изображений. М.: Техносфера, 2006. –1072 с.

9. Прэтт У. Цифровая обработка изображений.– М.: Мир, 1982.– Т. 2. – 792 с.

10. Сизиков В.С. Математические методы обработки результатов измерений. – СПб Политехника, 2001. – 240 с.

11. Тихонов А.Н., Гончарский А.В., Степанов В.В., Ягола А.Г. Численные методы решения некорректных задач. – М.: Наука, 1990. – 232 с.

12. Мулламаа Ю.- А. Р. (1975). Влияние взволнованной поверхности моря на видимость подводных объектов. Изв. АН СССР, .ФАО. , 11 (2), 199-205.

13. Савченко В.В. (2008). Оценка передаточной функции взволнованной поверхности по данным эксперимента на лабораторно-модельной установке. Труды VIII Международ. конференции «Прикладная оптика - 2008», Санкт-Петербург, т.1, стр. 102-106.

14. Osadchy V., Levin I., Savtchenko V., Frantsuzov O. (2001), Contrast and image transfer through wave-roughened water surface: a laboratory study. Proceedings of the International Conference "Current Problems in Optics of

Natural Waters" (ONW'2001), Iosif Levin and Gary Gilbert, Editors, Proceedings of D.S. Rozhdestvensky Optical Society, St. Petersburg, Russia, pp. 188-193.

15. Levin I., Savchenko V., Osadchy V. (2008) Correction of an image distorted by a wavy water surface: laboratory experiment. Applied Optics, 47 (35), 6650–6655.

16. Cox C. and Munk W.H. (1956). Slopes of the sea surface deduced from photographs of sun glitter. Scripps Inst. of Oceanogr. Bull. vol.6, N 9, pp. 401-479.

17. Савченко В.В. Методы улучшения качества изображения подводного объекта, наблюдаемого через взволнованную водную поверхность. «Инновации и инвестиции», № 7, 2013, ст. 285-288.

18. Колмогоров А. Н. Математика и механика // Избранные труды / отв. ред. С. М. Никольский, сост. В. М. Тихомиров. — М.: Наука, 1985. — Т. 1. — С. 136-138

19. Вебер В.Л. (2005). Наблюдение подводных объектов через бликовые участки морской поверхности. Известия вузов, Радиофизика, 48 (1), 38-52.

20. Савченко В.В., Осадчий В.Ю., Левин И.М. (2008). Коррекция изображений подводных объектов, искаженных поверхностным волнением. Океанология, 48 (5), 28 -31.

21. Osadchy V. Ju., Savchenko V. V., Levin I. M., Frantsuzov O.N., Rybalka N.N. (2007). Correction of image distorted by wavy water surface: laboratory experiment, Proceedings of the IV International Conference "Current Problems in Optics of Natural Waters" (ONW'2007), N. Novgorod, pp. 91-93.

22. Савченко В.В., Осадчий В.Ю., Левин И.М. (2008). Эксперимент по компенсации искажений изображения подводного объекта, вызванных поверхностным волнением. Труды 9 Международной конференции "Прикладные технологии гидроакустики и гидрофизики", Санкт-Петербург, с. 363-366.

23. Savtchenko V., Osadchy V, Frantsuzov O. (2005). Retrieval of the image distorted by the rough sea surface. Proceedings of the International Conference "Current Problems in Optics of Natural Waters" (ONW'2005), Iosif Levin and Gary Gilbert, Editors, Proceedings of D.S. Rozhdestvensky Optical Society, St. Petersburg, Russia, pp.369-371.

24. Долин Л. С., Левин И. М. (1991). Справочник по теории подводного видения. Ленинград: Гидрометеоиздат.

25. Dolin L., Gilbert G., Levin I., Luchinin A. (2006). Theory of imaging through wavy sea surface (monograph). N.Novgorod: Institute of Applied Physics.

26. Левин И.М., Осадчий В.Ю., Савченко В.В., Французов О.Н. (2000). Лабораторная установка для изучения переноса излучения и изображения через взволнованную водную поверхность, Международная конф. «Прикладная оптика 2000». 1, pp. 195-196.

27. Рожков В.А. (1979). Методы вероятностного анализа океанологических процессов. Ленинград: Гидрометеоиздат.

28. Марпл – мл. С.Л. (1990). Цифровой спектральный анализ и его приложения. Москва: Мир.

29. Walker R. E. (1994). Marine light field statistics. New York: Wiley.

30. Longuet-Higgins M.S., Cartwright D.E. and Smith N.D. (1963). Observations of the directional spectrum of sea waves using the motion of floating buoy. In: Ocean Wave Spectra. Englewoof Cliffs: N.J. Prentice-Hall Inc. pp. 111 – 136.

31. Свешников А.А. (1959). Определение вероятностных характеристик трехмерного волнения моря. Изв.АН СССР. Механика и машиностроение. №3, с.32 – 41.

32. Savtchenko V., Frantsuzov O., Sergel O. (2001). Dispersion relation for short gravity and capillary waves. Proceedings of the International Conference "Current Problems in Optics of Natural Waters" (ONW'2001), I. Levin and G. Gilbert, Editors, Proceedings of D.S. Rozhdestvensky Optical Society, St. Petersburg, Russia, pp.201-204.

33. Banner M. (1990). Equilibrium Spectra of Wind Waves. Journal of Physical Ocenography. v.20, p. 966-984

34. Banner M.L., Jones I.S.F., and Trinder J.C. Wavenumber spectra of short gravity waves. J. Luid Mech., v. 198, p. 321-344.